AF586663

# ALMANACH
# *DE*
# CAYENNE,

POUR L'ANNÉE COMMUNE

1790.



*Dans lequel on trouve l'heure de la haute Mer, matin & soir, pour tous les jours de l'Année, la force qu'auront les marées, des nouvelles & des pleines Lune, & une instruction nautique pour les Navigateurs qui veulent atterrir sur les côtes de la Guiane Française.*

A CAYENNE.

*DE L'IMPRIMERIE DU ROI.*

M. DCC. LXXXX.

# AVERTISSEMENT.

En faisant cet Almanach, on s'est proposé de le rendre le plus utile qu'il seroit possible aux personnes qui habitent la Colonie de Cayenne, ou qui ont occasion d'y voyager. On n'a marqué dans le Calendrier que les Fêtes qui sont observées dans cette Colonie ; & l'on a indiqué, par un renvoi, celles qui sont particulieres à quelques-unes de ses Paroisses ou de ses Missions.

L'heure de la haute Mer dans le Port de Cayenne est indiquée matin & soir pour tous les jours de l'Année : les calculs en ont été faits avec beaucoup de soins ; & l'on peut compter assez généralement sur leurs résultats, en observant cependant, que les vents, & d'autres causes éloignées, peuvent apporter quelques changements dans les effets de ce Phénomene.

On a marqué l'heure des lunaisons en temps compté du Méridien de Cayenne ; & à chaque Nouvelle & Pleine Lune on annonce si les Marées seront faibles, fortes, ou très fortes &c. Cette connaissance est très importante pour les habitants, soit qu'ils ayent des voyages ou des transports à faire par eau, soit qu'ils travaillent à dessécher des marécages que les eaux de la mer couvroient avant qu'ils les eussent entourés de digues. Dans l'un ou l'autre cas, les habitants instruits d'avance de la force qu'auront les marées, déterminent le temps de leurs voyages, ou disposent leurs travaux, de maniere à profiter des marées qui leur seront favorables ; & à se préserver de celles qui leur seroient contraires.

En parlant des Eclipses, on en a aussi rapporté les circonstances au temps que l'on compte à Cayenne. Il n'est pas inutile d'observer à cet égard, que l'heure des lunaisons & celles des éclipses sont marquées dans cet Almanach d'après le livre de la *Connoissance des temps*, publié par l'Académie des ſciences ; & que l'heure des mêmes lunaiſons &c, a été indiquée juſqu'à préſent, dans les Almanachs de la Martinique & de Ste. Lucie, d'après les *Ephémérides de M. de la Lande.* Il réſulte de là, que l'on doit quelquefois trouver des différences aſſez marquées entre les heures que l'un ou l'autre de ces Almanachs annoncent comme l'inſtant d'un même phénomène. On s'eſt déterminé à ſuivre ici les calculs de la *Connoiſſance des temps* non-ſeulement parce qu'ils ſont faits d'après les tables de la lune les plus récentes & les plus exactes, mais encore parce qu'ils ſervent auſſi à dreſſer le Calendrier de l'Almanach Royal & celui des Etrennes Mignonnes de Paris, qui ſont dans les mains de tout le monde.

Après quelques notions géographiques ſur la Guiane Françaiſe, les navigateurs trouveront une inſtruction nautique, donné par M. Monach, Capitaine de Port, pour l'uſage de ceux qui veulent aborder ſur les côtes de cette Colonie & ſe préſenter devant le port de Cayenne.

Enfin on termine cet Almanach par une Table contenant les réſultats des obſervations météorologiques faites au Dépôt des Cartes & Plans de la Colonie depuis le 1 Décembre 1788 juſqu'au 30 Novembre 1789. On y voit la quantité d'eau tombée à Cayenne, pendant chaque mois, & pendant le jour de chaque mois où il en eſt tombé le plus. On ne doit pas croire que cette obſervation ſoit ici un objet de ſimple curioſité ; la connoiſſance de la quantité d'eau de pluye qui peut tomber ſur la ſurface de la terre, pendant un jour, ſert à faire juger de la grandeur qu'il convient de donner aux canaux d'écoulement, dans les travaux de deſſéchement, pour qu'ils ſoient proportionnés à la ſurface du terrein que l'on a entouré de digues.

---

Les noms & les qualités des perſonnes nommées dans cet Almanach, ont été fournis par les Chefs de chaque partie.

MM. les Officiers décorés de la Croix de St. Louis ſont déſignés par une Croix.

Les fêtes tutélaires des Paroiſſes ou des Miſſions, ſe trouvent immédiatement après le Calendrier.

# ARTICLES PRINCIPAUX
## DU CALENDRIER,
## POUR L'ANNÉE COMMUNE 1790.

| COMPUT ECCLÉSIA. | | QUATRE TEMPS. | |
|---|---|---|---|
| Nombre d'Or, | 5. | Fevrier. | 24, 26 & 27. |
| Epacte, | XIV. | Mai. | 26, 28 & 29. |
| Cycle Solaire, | 7. | Septem. | 15, 17 & 18. |
| Indiction Romaine. | 8. | Décem. | 15, 17 & 18. |
| Lettre Dominicale, | C. | | |

# FÊTES MOBILES.

| | | | | |
|---|---|---|---|---|
| Septuagésime. | 31 Janvier | Ascension | 13 | Mai |
| Les Cendres. | 17 Fevrier | Pentecôte. | 23 | Mai |
| *PAQUES.* | 4 Avril | La Trinité. | 30 | Mai |
| Les Rogations. | 10, 11 & 12 Mai. | LA FÊTE-DIEU. | 3 | Juin |
| | | Ier. D. de l'Avent. | 28 | Nov. |

# ÉCLIPSES.

Il y aura cette année 1790, quatre Éclipses de Soleil & deux de Lune : ces dernieres seulement seront visibles à Cayenne; toutes deux seront totales.

La premiere Éclipse de Lune arrivera le 28 Avril, elle commencera à 6 h. 41 m. & finira à 10 h. 13 m. Pendant cette Éclipse, la Lune sera dans une très grande obscurité.

La seconde Éclipse de Lune aura lieu le 22 Octobre, elle commencera à 8 h. 28 m. & finira à 11 h. 22 m. La Lune pendant cette Éclipse ne sera pas obscurcie comme dans celle du 28 Avril; mais son disque, qu'il sera toujours facile de distinguer à la vue simple, paroîtra d'un rouge foncé.

| Jours. | JANVIER. | H. de la haute Mer à Cayenne. Matin h. m. | | Soir. h. m. | | Phases de la lune & force des marées. |
|---|---|---|---|---|---|---|
| 1 | V. *Circoncision* | 4 | 34 | 4 | 52 | P. L. le 1 à 3 h. 31 m. du m. Marées peu fortes. |
| 2 | S. s Basile | 5 | 10 | 5 | 30 | |
| 3 | D. ste Geneviéve | 5 | 48 | 6 | 8 | |
| 4 | L. s Rigobert | 6 | 30 | 6 | 53 | |
| 5 | M. s Siméon Sty. | 7 | 18 | 7 | 44 | |
| 6 | M. *Les Rois* | 8 | 13 | 8 | 43 | |
| 7 | J. s Théau | 9 | 17 | 9 | 50 | D. Q. le 7 à 10 h. 37 m. du soir. |
| 8 | V. s Lucien | 10 | 29 | 11 | 0 | |
| 9 | S. s Pierre Ev. | 11 | 40 | —— | | |
| 10 | 1er D. s Paul H. | 0 | 11 | 0 | 43 | |
| 11 | L. s Hygin | 1 | 12 | 1 | 43 | |
| 12 | M. s Arcade | 2 | 10 | 2 | 39 | |
| 13 | M. Bapt. de J. C. | 3 | 4 | 3 | 31 | |
| 14 | J. s Hilaire | 3 | 51 | 4 | 15 | |
| 15 | V. s Maur | 4 | 30 | 4 | 51 | N. L. le 15 à 4 h. 27 m. du m. Marées faibl. |
| 16 | S. s Guillaume | 5 | 8 | 5 | 27 | |
| 17 | 2e D. s Antoine | 5 | 44 | 6 | 3 | |
| 18 | L. Ch. s P. à R. | 6 | 20 | 6 | 40 | |
| 19 | M. s Sulpice | 6 | 58 | 7 | 18 | |
| 20 | M. s Sébastien | 7 | 36 | 7 | 55 | |
| 21 | J. ste Agnès V. | 8 | 15 | 8 | 35 | |
| 22 | V. s Vincent | 8 | 55 | 9 | 16 | |
| 23 | S. s Ildéfonse | 9 | 40 | 10 | 0 | P. Q. le 23 à 7 h. 16 m. du matin. |
| 24 | 3e D. s Babilas | 10 | 30 | 11 | 0 | |
| 25 | L. Conv. s Paul | 11 | 30 | —— | | |
| 26 | M. ste Paule V. | 0 | 5 | 0 | 40 | |
| 27 | M. s Julien | 1 | 15 | 1 | 50 | |
| 28 | J. s Cyrille | 2 | 20 | 2 | 53 | |
| 29 | V. s Fr. de S. | 3 | 20 | 3 | 56 | |
| 30 | S. ste Batilde | 4 | 10 | 4 | 35 | |
| 31 | D. *Septuagésime* | 4 | 52 | 5 | 12 | P. L. le 30 à 3 h. 47 m. du s. fortes Marées. |

| Jours. | FEVRIER. | H. de haute Mer à Cayenne | | | | Phases de la lune & force des marées. |
|---|---|---|---|---|---|---|
| | | Matin | | Soir | | |
| | | h. | m. | h. | m. | |
| 1 | L. s Ignace Ev. | 5 | 32 | 5 | 52 | |
| 2 | M. *Purification* | 6 | 16 | 6 | 40 | |
| 3 | M. s Blaise | 7 | 4 | 7 | 28 | |
| 4 | J. s Philéas | 7 | 54 | 8 | 20 | |
| 5 | V. ste Agathe | 8 | 46 | 9 | 12 | |
| 6 | S. s Vast | 9 | 40 | 10 | 8 | D. Q. le 6 à 7 h. 31 m. du m. |
| 7 | D. *Sexagésime* | 10 | 34 | 11 | 0 | |
| 8 | L. s Jean de M. | 11 | 34 | — | — | |
| 9 | M. s Apolline | 0 | 8 | 0 | 42 | |
| 10 | M. s Scolastique | 1 | 10 | 1 | 48 | |
| 11 | J. s Séverin | 2 | 12 | 2 | 50 | |
| 12 | V. s Mélece | 3 | 14 | 3 | 44 | |
| 13 | S. s Lezin | 4 | 8 | 4 | 32 | N. L. le 13 à 9 h. 22 m. du s. |
| 14 | D. *Quinquagési.* | 4 | 51 | 5 | 12 | Marées peu for. |
| 15 | L. s Faustin | 5 | 29 | 5 | 48 | |
| 16 | M. ste Julienne | 6 | 5 | 6 | 24 | |
| 17 | Mr *Les Cendres* | 6 | 40 | 7 | 0 | |
| 18 | J. s Siméon | 7 | 20 | 7 | 38 | |
| 19 | V. Les Cinq Plaies | 7 | 58 | 8 | 18 | |
| 20 | S. ste Constance | 8 | 41 | 9 | 0 | |
| 21 | 1er D. *Quadrag.* | 9 | 24 | 9 | 44 | |
| 22 | L. C. de s Pierre | 10 | 8 | 10 | 30 | P. Q. le 22 à 2 h. 39 m. du matin. |
| 23 | M. s Damien | 10 | 58 | 11 | 26 | |
| 24 | M. *Q. Temps* | 11 | 58 | — | — | |
| 25 | J. s Taraise | 0 | 31 | 1 | 4 | |
| 26 | V. s Porphyre | 1 | 44 | 2 | 14 | |
| 27 | S. ste Honorine | 2 | 48 | 3 | 20 | |
| 28 | 2e D. *Reminis.* | 3 | 50 | 4 | 23 | |

| Jours | MARS. | H. de la haute Mer à Cayenne. Matin h. | m. | Soir. h. | m. | Phases de la lune & force des marées. |
|---|---|---|---|---|---|---|
| 1 | L. s Aubin | 4 | 48 | 5 | 13 | P. L. le 1 à 2 |
| 2 | M. s Simplice | 5 | 35 | 5 | 57 | h. 25 m. du m. |
| 3 | M. ste Cunegonde | 6 | 20 | 6 | 43 | Marées très for. |
| 4 | J. s Casimir | 7 | 3 | 7 | 23 | |
| 5 | V. s Drausin | 7 | 48 | 8 | 13 | |
| 6 | S. s Godegrand | 8 | 35 | 8 | 57 | |
| 7 | 3e D. *Oculi* | 9 | 25 | 9 | 53 | D Q. le 7 à |
| 8 | L. s Jean de D. | 10 | 20 | 10 | 47 | 6 h. 8 m. du s. |
| 9 | M. ste Françoise | 11 | 17 | 11 | 47 | |
| 10 | M. s Droctovée | — | | 0 | 20 | |
| 11 | J. Les 40 Martirs | 0 | 46 | 1 | 17 | |
| 12 | V. s Pol | 1 | 44 | 2 | 13 | |
| 13 | S. ste Euphrasie | 2 | 40 | 3 | 7 | |
| 14 | 4e D. *Lætare* | 3 | 31 | 3 | 57 | |
| 15 | L. s Zacharie | 4 | 17 | 4 | 41 | N. L. le 15 à |
| 16 | M. s Abraham | 5 | 0 | 5 | 20 | 3 h. 18 m. du |
| 17 | M. ste Gertrude | 5 | 38 | 5 | 57 | s. faibles Marées |
| 18 | J. s Alexandre | 6 | 14 | 6 | 33 | |
| 19 | V. s Joseph* | 6 | 50 | 7 | 10 | |
| 20 | S. s Joachim | 7 | 30 | 7 | 50 | |
| 21 | 5e D. *La Passion* | 8 | 12 | 8 | 33 | |
| 22 | L. s Benoît | 8 | 56 | 9 | 18 | |
| 23 | M. s Victorien | 9 | 44 | 10 | 8 | P. Q. le 23 à |
| 24 | M. s Simon | 10 | 38 | 11 | 8 | 6 h. 15 m. du s. |
| 25 | J. *Annonciation* | 11 | 36 | — | | |
| 26 | V. La Compassion | 0 | 8 | 0 | 40 | |
| 27 | S. s Rupert | 1 | 16 | 1 | 50 | |
| 28 | 6e D. *Les Ram.* | 2 | 22 | 2 | 54 | |
| 29 | L. s Fostase | 3 | 22 | 3 | 52 | |
| 30 | M. s Rieul | 4 | 16 | 4 | 45 | P. L. le 30 à |
| 31 | M. s Acace | 5 | 10 | 5 | 35 | 11 h, 49 m. du |

* Fête d'obligation dans toute l'étendue de la Mission de Sinnamari.

m. Marées extrêmement fortes

| Jours. | AVRIL. | H. de la haute Mer à Cayenne. Matin h. | m. | Soir. h. | m. | Phases de la lune & force des marées. |
|---|---|---|---|---|---|---|
| 1 | J. s Hugues | 6 | 0 | 6 | 25 | |
| 2 | V. *Vendredi St.* | 6 | 46 | 7 | 7 | |
| 3 | S. s Richard | 7 | 36 | 8 | 5 | |
| 4 | D. *PAQUES* | 8 | 28 | 8 | 54 | |
| 5 | L. s Ambroise | 9 | 24 | 9 | 52 | |
| 6 | M. s Prudence | 10 | 26 | 10 | 58 | D. Q. le 6 à 8 |
| 7 | M. s Hégésipe | 11 | 25 | 11 | 54 | h. 34 m. du m. |
| 8 | J. ste Perpet. | —— | | 0 | 22 | |
| 9 | V. ste Marie Eg. | 0 | 48 | 1 | 14 | |
| 10 | S. s Macaire | 1 | 40 | 2 | 4 | |
| 11 | 1er D. *Quasim.* | 2 | 26 | 2 | 50 | |
| 12 | L. s Jules | 3 | 10 | 3 | 32 | |
| 13 | M. s Herméneg. | 3 | 52 | 4 | 12 | N. L. le 14 à |
| 14 | M. s Tiburce | 4 | 30 | 4 | 50 | 9 h. 0 m. du m. |
| 15 | J. s Paterne | 5 | 6 | 5 | 26 | faibles Marées. |
| 16 | V. s Fructueux | 5 | 44 | 6 | 2 | |
| 17 | S. s Anicet | 6 | 21 | 6 | 40 | |
| 18 | 2e D. s Parfait | 7 | 0 | 7 | 22 | |
| 19 | L. s Elphege | 7 | 45 | 8 | 8 | |
| 20 | M. s Hidelgonde | 8 | 32 | 9 | 0 | |
| 21 | M. s Anselme | 9 | 30 | 10 | 0 | |
| 22 | J. ste Opportune | 10 | 31 | 11 | 3 | P. Q. le 22 à 5 |
| 23 | V. s George | 11 | 41 | —— | | h. 35 m. du m. |
| 24 | S. ste Beuve | 0 | 15 | 0 | 49 | |
| 25 | 3e D. s Clet | 1 | 22 | 1 | 53 | |
| 26 | L. s Marc *abst.* | 2 | 23 | 2 | 53 | |
| 27 | M. s Policarpe | 3 | 20 | 3 | 47 | |
| 28 | M. s Vital | 4 | 10 | 4 | 33 | P. L. le 28 à 8 |
| 29 | J. s Robert | 4 | 58 | 5 | 23 | h. 26 m. du s. |
| 30 | V. s Eutrope | 5 | 50 | 6 | 17 | Marées assez f |

| Jours | M A I. | H. de la haute Mer à Cayenne. Matin h. m. | | Soir. h. m. | | Phases de la lune & force des marée.. |
|---|---|---|---|---|---|---|
| 1 | S. s Jacq. S. Ph. | 6 | 44 | 7 | 11 | |
| 2 | 4e D. s Athanase | 7 | 34 | 7 | 57 | |
| 3 | L. Inv. ste Croix | 8 | 20 | 8 | 43 | |
| 4 | M. ste Monique | 9 | 4 | 9 | 25 | |
| 5 | M. Conv. s Aug. | 9 | 45 | 10 | 5 | D. Q. le 5 à 8 h. 40 m. du soir |
| 6 | J. s Jean P. L. | 10 | 29 | 10 | 53 | |
| 7 | V. s Stanislas | 11 | 19 | 11 | 46 | |
| 8 | S. s Desiré | ——— | | 0 | 14 | |
| 9 | 5e D. s Gr. de N. | 0 | 43 | 1 | 12 | |
| 10 | L. *Les Rogatio.* | 1 | 40 | 2 | 8 | |
| 11 | M. s Mamert | 2 | 35 | 2 | 58 | |
| 12 | M. s Nerée | 3 | 20 | 3 | 42 | |
| 13 | J. *Ascension* | 4 | 3 | 4 | 24 | |
| 14 | V. s Boniface | 4 | 42 | 5 | 0 | N. L. le 14 à 1 h. 7 m. du m. Marées faibles |
| 15 | S. s Isidore | 5 | 20 | 5 | 38 | |
| 16 | 6e D. s Honoré E. | 5 | 58 | 6 | 18 | |
| 17 | L. s Paschal | 6 | 40 | 7 | 4 | |
| 18 | M. s Eric | 7 | 28 | 7 | 52 | |
| 19 | M. s Yves | 8 | 17 | 8 | 44 | |
| 20 | J. s Austregiles | 9 | 12 | 9 | 40 | |
| 21 | V. s Hospice | 10 | 9 | 10 | 38 | P. Q. le 21 à 1 h. 17 m. du soir |
| 22 | S. *Vigile-jeune* | 11 | 9 | 11 | 41 | |
| 23 | D *PENTEC.* | ——— | | 0 | 14 | |
| 24 | L. s Donatien | 0 | 47 | 1 | 20 | |
| 25 | M. s Urbain | 1 | 51 | 2 | 21 | |
| 26 | M. *Quatre-Tem.* | 2 | 49 | 3 | 16 | |
| 27 | J s Jean P. | 3 | 42 | 4 | 6 | |
| 28 | V s Germain | 4 | 29 | 4 | 52 | P. L. le 28 à 4 h. 46 m. du m. Marées assez fortes. |
| 29 | S. s Maximin | 5 | 13 | 5 | 35 | |
| 30 | 1er D. *Trinité* | 5 | 55 | 6 | 15 | |
| 31 | L. ste Petronille | 6 | 37 | 7 | 0 | |

| Jours. | JUIN. | H. de la haute Mer à Cayenne. Matin h. m. | | Soir h. m. | | Phases de la lune & force des marées. |
|---|---|---|---|---|---|---|
| 1 | M. s Pamphile | 7 | 19 | 7 | 10 | |
| 2 | M. s Pothin | 8 | 5 | 8 | 30 | |
| 3 | J. *FETE-DIEU* | 8 | 55 | 9 | 20 | |
| 4 | V. s Optat | 9 | 50 | 10 | 20 | D. Q. le 4 à 0 |
| 5 | S. s Boniface | 10 | 48 | 11 | 17 | h. 22 m. du soir |
| 6 | 2e D. s Norbert | 11 | 46 | — | | |
| 7 | L. s Paul Arch. | 0 | 14 | 0 | 42 | |
| 8 | M, s Médard | 1 | 9 | 1 | 36 | |
| 9 | M. s Prime | 2 | 2 | 2 | 28 | |
| 10 | J. Octave F. Dieu | 2 | 53 | 3 | 18 | |
| 11 | V. s Barnabé | 3 | 41 | 4 | 2 | |
| 12 | S. s Basilide | 4 | 22 | 4 | 41 | N. L. le 12 à |
| 13 | 3e D. s Antoine | 5 | 0 | 5 | 17 | 2 h. 41 m. du s. |
| 14 | L. s Rufin | 5 | 36 | 5 | 55 | Marées faibles |
| 15 | M. s Gui | 6 | 16 | 6 | 37 | |
| 16 | M. s Fargeau | 7 | 0 | 7 | 23 | |
| 17 | J. s Avit | 7 | 48 | 8 | 15 | |
| 18 | V. ste Marine | 8 | 42 | 9 | 9 | |
| 19 | S. s Gerv. S. Pr. | 9 | 38 | 10 | 7 | P. Q. le 19 à |
| 20 | 4e D. s Silvere | 10 | 38 | 11 | 6 | 6 h. 36 m. du |
| 21 | L. s Leufroi | 11 | 42 | — | | soir |
| 22 | M. s Paulin | 0 | 17 | 0 | 52 | |
| 23 | M. *Vigile-jeune* | 1 | 27 | 1 | 58 | |
| 24 | J. *Nat. S. J. B.* | 2 | 28 | 2 | 58 | |
| 25 | V. s Agoard | 3 | 24 | 3 | 53 | |
| 26 | S. s Babolin | 4 | 19 | 4 | 43 | P. L. le 26 à 1 |
| 27 | 5e D. s Ladislas | 5 | 0 | 5 | 20 | h. 29 m. du soir |
| 28 | L. *Vigile-jeune* | 5 | 40 | 6 | 0 | Marées peu forte |
| 29 | M. *S Pier. S P.* | 6 | 18 | 6 | 36 | |
| 30 | M. Comm. s P. | 6 | 55 | 7 | 14 | |

| Jours | JUILLET. | H. de la haute Mer à Cayenne. Matin h. m. | | Soir. h. m. | | Phases de la lune & force des marées. |
|---|---|---|---|---|---|---|
| 1 | J. s Martial | 7 | 33 | 7 | 52 | |
| 2 | V. Visit. de la V. | 8 | 13 | 8 | 34 | |
| 3 | S. s Anatole | 8 | 57 | 9 | 20 | |
| 4 | 6e D, Tr. de s M. | 9 | 45 | 10 | 10 | D. Q. le 4 à 5 |
| 5 | L. ste Zoé | 10 | 33 | 10 | 56 | h. 16 m. du mat. |
| 6 | M. s Tranquille | 11 | 30 | —— | | |
| 7 | M. ste Aubierge | Minuit. | | 0 | 30 | |
| 8 | J. ste Elisabeth R. | 1 | 0 | 1 | 33 | |
| 9 | V. s Cyrille | 2 | 5 | 2 | 35 | |
| 10 | S. ste Félicité | 3 | 3 | 3 | 30 | |
| 11 | 7e D. Tr. de s Ben. | 3 | 56 | 4 | 21 | |
| 12 | L. s J. Gualbert | 4 | 43 | 5 | 3 | N. L. le 12 à 1 |
| 13 | M. s Tirial | 5 | 23 | 5 | 43 | h. 48 m. du m. |
| 14 | M. s Bonaventure | 6 | 44 | 6 | 25 | Marées peu for- |
| 15 | J. s Henri Emp. | 6 | 48 | 7 | 11 | tes. |
| 16 | V. s Eustathe | 7 | 35 | 8 | 0 | |
| 17 | S. s Spérat | 8 | 25 | 8 | 52 | |
| 18 | 8e D. s Th. d'Aq. | 9 | 20 | 9 | 50 | P. Q. le 18 à |
| 19 | L. s Vinc. de P. | 10 | 20 | 0 | 50 | 11 h. 6 m. du s. |
| 20 | M. ste Marguerite | 11 | 30 | —— | | |
| 21 | M. s Victor | 0 | 7 | 0 | 46 | |
| 22 | J. ste Magdelaine | 1 | 22 | 1 | 54 | |
| 23 | V. s Apollinaire | 2 | 24 | 2 | 52 | |
| 24 | S. ste Christine | 3 | 18 | 3 | 43 | |
| 25 | 9e D. s Jacq le M. | 4 | 5 | 4 | 27 | P. L. le 25 à 11 |
| 26 | L. s Christophe | 4 | 45 | 5 | 3 | h. 36 m. du soir |
| 27 | M. s George & | 5 | 21 | 5 | 40 | Marées peu for- |
| 28 | M. ste Anne | 5 | 58 | 6 | 16 | tes. |
| 29 | J. s Loup | 6 | 34 | 6 | 52 | |
| 30 | V. s Ignace | 7 | 10 | 7 | 28 | |
| 31 | S. s Germ. Aux. | 7 | 47 | 8 | 6 | |

| Jours. | AOUST. | H. de la haute Mer à Cayenne. Matin h. m. | | Soir. h. m. | | Phases de la lune & force de marées. |
|---|---|---|---|---|---|---|
| 1 | 10e D. Susc. ste Cr | 8 | 27 | 8 | 48 | D. Q. le 2 à 10 h. 50 m. du soir |
| 2 | L. s Pierre aux L. | 9 | 10 | 9 | 32 | |
| 3 | M. Inv. s Etienne | 9 | 56 | 10 | 20 | |
| 4 | M. s Dominique | 10 | 50 | 11 | 20 | |
| 5 | J. s Yon Mart. | 11 | 52 | —— | | |
| 6 | V. Transfi. N. S. * | 0 | 26 | 1 | 0 | |
| 7 | S. s Gaëtan | 1 | 36 | 2 | 10 | |
| 8 | 11e D. s Justin | 2 | 42 | 3 | 12 | |
| 9 | L. s Romain | 3 | 38 | 4 | 2 | N. L. le 10 à 2 h. 15 m. du s. Marées assez f. |
| 10 | M. s Laurent | 4 | 22 | 4 | 42 | |
| 11 | M. Succ. ste Cr. | 5 | 0 | 5 | 18 | |
| 12 | J. ste Claire | 5 | 38 | 5 | 58 | |
| 13 | V. s Hyppolite | 6 | 20 | 6 | 42 | |
| 14 | S. *Vigile-jeune* | 7 | 5 | 7 | 28 | |
| 15 | 12e D. *Ass. N. D.* | 7 | 56 | 8 | 22 | |
| 16 | L. s Roch | 8 | 50 | 9 | 20 | |
| 17 | M. s Mammès | 9 | 54 | 10 | 26 | P. Q. le 17 à 4 h. 16 m. du matin |
| 18 | M. ste Hélène | 11 | 3 | 11 | 37 | |
| 19 | J. s Louis Ev. | —— | | 0 | 12 | |
| 20 | V. s Bernard | 0 | 46 | 1 | 20 | |
| 21 | S. s Privat | 1 | 53 | 2 | 25 | |
| 22 | 13e D. s Symph. | 2 | 52 | 3 | 20 | |
| 23 | L. s Sidoine | 3 | 45 | 4 | 7 | P. L. le 24 à 0 h. 7 m. du s. Marées faibles |
| 24 | M. s Barthélemi | 4 | 27 | 4 | 45 | |
| 25 | M. s Louis Roi | 5 | 3 | 5 | 20 | |
| 26 | J. s Zéphirin | 5 | 40 | 6 | 0 | |
| 27 | V. s Césaire | 6 | 17 | 6 | 36 | |
| 28 | S. s Augustin | 6 | 55 | 7 | 14 | |
| 29 | 14e D. Déc. s J. B. | 7 | 35 | 7 | 56 | |
| 30 | L. s Fiacre | 8 | 16 | 8 | 36 | |
| 31 | M. s Médéric | 9 | 0 | 9 | 24 | |

* Fête d'obligation dans toute l'étendue de la Paroisse de Cayenne.

| Jours. | SEPTEMBRE. | H. de la haute Mer à Cayenne. Matin h. m. | | Soir. h. m. | | Phases de la lune & force des marées. |
|---|---|---|---|---|---|---|
| 1 | M. s Leu Ev. | 9 | 50 | 10 | 20 | D. Q. le 1 à 4 h. 5 m. du soir |
| 2 | J. s Lazare | 10 | 46 | 11 | 14 | |
| 3 | V. s Grég. le Gr. | 11 | 47 | —— | | |
| 4 | S. s Marcel | 0 | 22 | 0 | 57 | |
| 5 | 15e D. s Bertin | 1 | 28 | 2 | 7 | |
| 6 | L. s Onésiphore | 2 | 40 | 3 | 7 | |
| 7 | M. s Cloud | 3 | 32 | 3 | 55 | |
| 8 | M. *Nativ. N. D.* | 4 | 16 | 4 | 33 | N. L. le 8 à 8 h. 5 m. du soir Marées fortes |
| 9 | J. s Omer | 4 | 50 | 5 | 9 | |
| 10 | V. s Nicolas Tol. | 5 | 28 | 5 | 47 | |
| 11 | S. s Patient | 6 | 7 | 6 | 29 | |
| 12 | 16e D. s Serdot | 6 | 54 | 7 | 19 | |
| 13 | L. s Maurille | 7 | 47 | 8 | 17 | |
| 14 | M. Exalt. ste Cr. | 8 | 47 | 9 | 17 | |
| 15 | M. *Quatre-Tem.* | 9 | 48 | 10 | 20 | P. Q. le 15 à 11 h. 15 m. du matin |
| 16 | J. s Cyprien | 10 | 54 | 11 | 27 | |
| 17 | V. s Lambert | —— | | Midi. | | |
| 18 | S. s Jean Chr. | 0 | 30 | 1 | 0 | |
| 19 | 17e D. s Janv. & | 1 | 27 | 1 | 54 | |
| 20 | L. s Eustache | 2 | 18 | 2 | 42 | |
| 21 | M. s Mathieu Ap. | 3 | 4 | 3 | 26 | |
| 22 | M. s Maurice & | 3 | 46 | 4 | 4 | |
| 23 | J. ste Thècle V. | 4 | 22 | 4 | 40 | P. L. le 23 à 3 h. 32 m. du soir Marées très faibles |
| 24 | V. s Andoche | 4 | 58 | 5 | 16 | |
| 25 | S. *Vigile-jeune* | 5 | 36 | 5 | 56 | |
| 26 | 18e D. ste Justine | 6 | 16 | 6 | 37 | |
| 27 | L. s Côm. s Dam. | 6 | 58 | 7 | 19 | |
| 28 | M. s Céran | 7 | 42 | 8 | 5 | |
| 29 | M. s Michel Ar. | 8 | 28 | 8 | 51 | |
| 30 | J. s Jérôme | 9 | 18 | 9 | 45 | |

| Jours, | OCTOBRE, | H, de la haute Mer à Cayenne, matin h, m, | | Soir, h, m, | | Phases de la lune & force des marées, |
|---|---|---|---|---|---|---|
| 1 | V s Remi | 10 | 10 | 10 | 38 | D. Q. le 1 à 8 |
| 2 | S ss Anges G. | 11 | 8 | 11 | 40 | h. 3 m. du m. |
| 3 | 19e D s Denys Ar | —— | | 0 | 12 | |
| 4 | L s Franç. d'Af. | 0 | 46 | 1 | 20 | |
| 5 | M ste Aure | 1 | 54 | 2 | 28 | |
| 6 | M s Bruno | 2 | 57 | 3 | 26 | |
| 7 | J s Serge & | 3 | 54 | 4 | 14 | |
| 8 | V s Démètre | 4 | 34 | 4 | 55 | N L. le 8 à 5 |
| 9 | S s Denys Ev. | 5 | 15 | 5 | 36 | h. 7 m. du m. Ma- |
| 10 | 20e D s Géréon | 5 | 58 | 6 | 20 | rées extrêmemt. |
| 11 | L s Nicaise | 6 | 46 | 7 | 10 | fortes |
| 12 | M s Vilfrid | 7 | 38 | 8 | 6 | |
| 13 | M s Gérand | 8 | 36 | 9 | 5 | |
| 14 | J s Caliste | 9 | 36 | 10 | 8 | P. Q. le 14 à |
| 15 | V ste Thérèse | 10 | 40 | 11 | 12 | 9 h. 36 m. du s. |
| 16 | S s Gal | 11 | 46 | —— | | |
| 17 | 21e D s Cerbon. | 0 | 16 | 0 | 46 | |
| 18 | L s Luc Ev. | 1 | 14 | 1 | 40 | |
| 19 | M s Savinien | 2 | 5 | 2 | 30 | |
| 20 | M s Sandou | 2 | 53 | 3 | 14 | |
| 21 | J ste Ursule | 3 | 34 | 3 | 54 | |
| 22 | V s Mellon | 4 | 13 | 4 | 32 | P. L. le 22 à 9 |
| 23 | S s Hilarion | 4 | 50 | 5 | 7 | h. 24 m. du soir |
| 24 | 22e D s Magloire | 5 | 25 | 5 | 43 | Marées très faib. |
| 25 | L ss Crepin & Cr. | 6 | 3 | 6 | 23 | |
| 26 | M s Rustique | 6 | 42 | 7 | 0 | |
| 27 | M s Frumence | 7 | 22 | 7 | 43 | |
| 28 | J s Simon s Ju. | 8 | 4 | 8 | 25 | |
| 29 | V s Faron | 8 | 48 | 9 | 11 | |
| 30 | S *Vigile-jeune* | 9 | 36 | 10 | 2 | D. Q. le 30 à 9 |
| 31 | 23e D s Qentin | 10 | 28 | 10 | 57 | h. 59 m. du m. |

| Jours, | NOVEMBRE, | H, de la haute Mer à Cayenne. Matin h, m, | | Soir, h, m, | | Phases de la lune & force des marées, |
|---|---|---|---|---|---|---|
| 1 | L *La Toussaint* | 11 | 30 | — | | |
| 2 | M Les Morts | 0 | 6 | 0 | 42 | |
| 3 | M s Marcel | 1 | 18 | 1 | 56 | |
| 4 | J s Charles | 2 | 28 | 3 | 0 | |
| 5 | V ste Bertille | 3 | 26 | 3 | 54 | |
| 6 | S s Léonard | 4 | 17 | 4 | 40 | N. L. le 6 à 2 |
| 7 | 24e D s Wilebrod | 5 | 0 | 5 | 20 | h. 52 m. du soir |
| 8 | L stes Reliques | 5 | 42 | 6 | 4 | Marées très fort. |
| 9 | M s Mathurin | 6 | 28 | 6 | 52 | |
| 10 | M s Léon | 7 | 17 | 7 | 42 | |
| 11 | J s Martin Ev. | 8 | 9 | 8 | 36 | |
| 12 | V s Vrain | 9 | 5 | 9 | 34 | |
| 13 | S s Brice | 10 | 5 | 10 | 36 | P. Q. le 13 à |
| 14 | 25e D s Martin P | 11 | 10 | 11 | 40 | 11 h. 33 m. du |
| 15 | L s Eugène | — | | 0 | 10 | matin |
| 16 | M s Eucher | 0 | 38 | 1 | 6 | |
| 17 | M s Aignan | 1 | 32 | 1 | 58 | |
| 18 | J ste Aude | 2 | 22 | 2 | 44 | |
| 19 | V ste Elisabeth | 3 | 4 | 3 | 24 | |
| 20 | S s Edmond | 3 | 43 | 4 | 2 | |
| 21 | 26e D Préf. N. D. | 4 | 20 | 4 | 38 | P. L. le 21 à 4 |
| 22 | L ste Cécile | 4 | 56 | 5 | 14 | h. 24 m. du soir |
| 23 | M s Clément | 5 | 36 | 5 | 56 | Marées faibles |
| 24 | M s Séverin | 6 | 18 | 6 | 40 | |
| 25 | J ste Catherine | 7 | 2 | 7 | 24 | |
| 26 | V ste Genev. Ar. | 7 | 46 | 8 | 8 | |
| 27 | S s Vital & | 8 | 32 | 8 | 56 | |
| 28 | 1er D *Avent* | 9 | 20 | 9 | 44 | |
| 29 | L s Saturnin | 10 | 10 | 10 | 36 | D. Q. le 29 à |
| 30 | M s André | 11 | 4 | 11 | 33 | 9 h. 52 m. du m. |

| Jours. | DECEMBRE, | H. de la haute Mer à Cayenne, Matin h, m, | | Soir, h, m, | | Phases de la lune & force des marées, |
|---|---|---|---|---|---|---|
| 1 | M s Eloi | ——— | | Midi. | | |
| 2 | J s Franç. Xav. * | 0 | 36 | 1 | 10 | |
| 3 | V s Mirocle | 1 | 47 | 2 | 25 | |
| 4 | S ste Barbe | 2 | 55 | 3 | 30 | |
| 5 | 2e D s Sabas | 3 | 45 | 4 | 23 | |
| 6 | L s Nicolas | 4 | 43 | 5 | 5 | N. L. le 6 à 1 h. 26 m. du ma. Marées assez fortes |
| 7 | M ste Fare | 5 | 25 | 5 | 45 | |
| 8 | M *La Concept.* | 6 | 5 | 6 | 25 | |
| 9 | J ste Gorgonie | 6 | 46 | 7 | 7 | |
| 10 | V ste Valére | 7 | 30 | 7 | 52 | |
| 11 | S s Fuscien | 8 | 18 | 8 | 42 | |
| 12 | 3e D s Damase | 9 | 9 | 9 | 36 | |
| 13 | L ste Luce | 10 | 5 | 10 | 32 | P. Q. le 13 à 5 h. 21 m. du matin |
| 14 | M s Nicaise | 11 | 0 | 11 | 28 | |
| 15 | M *Quatre-Tem.* | 11 | 56 | ——— | | |
| 16 | J ste Adelaïde | 0 | 26 | 0 | 54 | |
| 17 | V ste Olympiade | 1 | 21 | 1 | 48 | |
| 18 | S s Gatien | 2 | 14 | 2 | 40 | |
| 19 | 4e D ste Meuris | 3 | 5 | 3 | 28 | |
| 20 | L s Philogone | 3 | 48 | 4 | 11 | |
| 21 | M s Thomas Ap. | 4 | 28 | 4 | 48 | P. L. le 21 à 10 h. 15 m. du m. Marées faibl. |
| 22 | M s Honorat | 5 | 6 | 5 | 24 | |
| 23 | J ste Victoire | 5 | 42 | 6 | 0 | |
| 24 | V *Vigile-jeune* | 6 | 20 | 6 | 40 | |
| 25 | S *NATV. N. S.* | 7 | 2 | 7 | 24 | |
| 26 | D *s Etienne* | 7 | 48 | 8 | 12 | |
| 27 | L s Jean Ap. Evan. | 8 | 38 | 9 | 4 | |
| 28 | M ss Innocent | 9 | 31 | 9 | 58 | D. Q. le 28 à 7 h. 25 m. du s. |
| 29 | M s Thomas de C. | 10 | 27 | 10 | 56 | |
| 30 | J ste Colombe | 11 | 33 | ——— | | |
| 31 | V s Sylvestre | 0 | 9 | 0 | 45 | |

* Fête d'obligation sur la Mission de Macari

# FÊTES TITULAIRES

## *Des Paroisses & Missions de la Colonie.*

| | | | |
|---|---|---|---|
| Sinnamari, | *St. Joseph.* | 19 | Mars |
| Remire, | *Annonciation.* | 25 | Mars |
| Macouria, | *St. Jean Baptiste.* | 24 | Juin |
| Fort d'Oyapoc, | *St. Pierre.* | 29 | Juin |
| St. Paul, Mission dans Oyapoc, | *St. Paul.* | 29 | Juin |
| Cayenne, | *Transfigur. de N. S.* | 6 | Août |
| Kourou, | *Assomption.* | 15 | Août |
| Roura, | *Nativité de N. D.* | 8 | Sept. |
| Macari, | *St. François Xav.* | 2 | Déc. |

*Jusqu'à présent, dans le quartier d'Approuague & au poste d'Iracoubo, le service divin se célèbre dans une Chapelle, parce qu'il n'y a pas encore d'Eglise consacrée; c'est pourquoi on ne trouve pas ici leurs fêtes titulaires. On travaille maintenant dans le quartier d'Approuague à la construction d'une Eglise & à l'établissement d'un Bourg. Si les lettres Patentes demandées à ce sujet par MM. les Administrateurs sont accordées, l'Eglise sera dédiée à St. Louis, & le Bourg se nommera Villebois.*

# NOTIONS GÉOGRAPHIQUES
## SUR LA COLONIE DE CAYENNE.

LA Colonie de Cayenne a pris ſon nom de celui d'une Riviere peu conſidérable de la Guiane, qui ſe rend dans l'Océan. Pluſieurs Compagnies Françaiſes commencerent dans le dernier ſiecle, des Etabliſſements dans cette partie de l'Amérique méridionale : on rapporte les premiers aux années 1620 ou 1624. Différents événements firent échoüer ces entrepriſes ; les établiſſements furent abandonnés par ceux qui les avoient commencés ; ou bien ils furent pris par les ennemis de l'Etat. Ce n'eſt que depuis le 20 Décembre 1676 que ce pays appartient à la France ſans interruption, ayant été reconquis alors ſur les Hollandois par M. le Maréchal d'Etrées.

Les terres dépendantes de la Colonie de Cayenne faiſant partie de *la Guiane*, on leur a donné le nom de *Guiane Françaiſe* : elles s'étendent depuis *le Marôni* qui les ſépare de la Colonie hollandoiſe de *Surinam*, juſqu'au *Cap de Nord* du coté des poſſeſſions portugaiſes. L'embouchûre du *Marôni* eſt par environ 5 dégrés 50 minutes de latitude ſeptentrionale & 56 dégrés 22 minutes de longitude eſtimée, à l'Occident du Méridien de Paris ; & le *Cap de Nord* eſt par 1 dégré 51 minutes de la même latitude & 52 dégrés 23 minutes de longitude comptée comme la précédente. L'étendue des côtes compriſes entre ces deux extrêmités, eſt évaluée à 120 ou 130 lieues marines de vingt au dégré.

La Guiane Françaiſe eſt arroſée par un grand nombre de rivieres. Entre celles qui ſe rendent directement à la mer, on ne peut indiquer ici que les plus remarquables, ou les plus connues, ſoit par leur grandeur, ſoit à cauſe des établiſſements qu'on y a faits. De la frontiere hollandoiſe au *Cap de Nord*, ces rivieres ſe trouvent dans l'ordre ſuivant ; ſavoir : *le Marôni*, *Mana*, *Yracoubo*, *Conanama*,

*Sinnamari*, *Malmanouri*, *Carouabo*, *Kourou*, *Macouria*, *Cayenne*, *Mahuri*, qui se nomme *Oyac* dans presque tout son cours, *Kau*, *Approuague*, *Ouanari*, *Oyapoc*, *Couripi*, *Cachipour*, *Conani*, *Carsevenne*, *Mayacaré* & *Carapapouri*, qui n'est qu'une baie, à l'embouchûre d'un grand canal de même nom. On les nomme quelquefois *Baie & Riviere de Vincent-Pinçon*. Dans ce canal se rendent la crique de *Macari* & la riviere de *Manaye*, qui n'est presque plus navigable, même pour les Pirogues.

Le *Marôni* & *l'Oyapo* sont les seules rivieres, ou fleuves de la *Guiane Françoise*, qui sortent d'une grande chaîne de montagnes; de celles qui partant des cordelieres séparent dans cette partie du globe les eaux qui coulent vers l'Océan de celles qui se rendent dans l'Amazone. Les rivieres de *Mana*, de *Sinnamari*, d'*Oyac* & d'*Approuague* naissent dans des montagnes du second ordre; les autres moins considérables, viennent des montagnes d'ordre inférieure. Toutes ont plusieurs branches plus ou moins fortes, grossies par un grand nombre de petits ruisseaux. La navigation n'est bien libre dans ces rivieres que jusqu'à la distance d'environ 18 ou 20 lieues de leur embouchûre; au delà, elles sont souvent traversées par des bancs de rochers qui forment des especes de cascades, auxquelles on donne le nom de *Sauts*. On ne peut remonter ou descendre entre ces rochers que dans de moyennes ou de petites Pirogues; les naturels du pays sont très propres à conduire dans cette navigation périlleuse. Il y a de ces *Saults* qui sont assez considérables pour que l'on ne puisse pas les remonter en canots; alors on les passe en faisant un portage par terre, sur l'un des côtés de la riviere ou sur les roches découvertes qui sont au milieu.

Le chef lieu de la Colonie est assez généralement connu sous le nom de *l'Isle de Cayenne*; mais on ne prendroit pas une idée juste de cette Isle, si on se la représentoit comme une terre éloignée du continent, isolée & entourée d'une mer navigable pour les Vaisseaux. Au contraire lorsque le navigateur aborde ce terrain, il lui paroît faire partie de la terre ferme; peut-être cela étoit-il vrai autrefois. Maintenant il n'en est séparé que par des rivieres dans lesquelles la mer monte & descend à toutes les marées; mais où l'on ne peut naviguer qu'avec des barques, ou avec des pirogues.

La plus grande largeur de l'*Isle de Cayenne*, mésurée de l'*Est* à l'*Ouest*, est de quatre lieues terrestres, de vingt cinq au dégré; la plus grande longueur du *Nord* au *Sud* est de cinq lieues & demie; & sa circonférence, ayant égard à toutes ses sinuosités, est d'environ seize lieues & demie. La partie de cette circonférence bornée par la mer & qui regarde le *Nord-est*, peut avoir à peu prés trois lieues & demie.

La ville de Cayenne est située à l'extremité *Nord-Ouest* de cette Isle, à l'embouchûre de la riviere de même nom. Elle est fortifiée, & le service Militaire s'y fait comme dans les Places de Guerre. Sa latitude est de 4 d. 56 m. & sa longitude de 54 d. 35 m. déterminées l'une & l'autre par les observations de M. de la Condamine.

Depuis environ vingt cinq ans, on a commencé auprès de Cayenne une *Nouvelle Ville*, tracée sur un plan régulier; elle est séparée de l'*Ancienne Ville* par une Esplanade: il y a une Chapelle batie en pierres, consacrée sous l'invocation de saint Nicolas.

Les Côtes de la Guiane Française sont très basses; & leur terrain paroît presque partout avoir été formé par les dépôts de la mer. Dans quelques endroits les dépôts de vase & de sable ont été posés alternativement l'un sur l'autre; dans d'autres, il n'y a que des couches de vase, dans lesquelles ils se rencontrent des débris de végétaux & même des corps d'arbres très bien conservés. Les rivieres ont peu d'eau à leurs embouchûres: celles de Cayenne & d'Approuague sont les seules qui puissent recevoir des bâtiments ayant de huit, jusqu'à quatorze pieds de tirant d'eau.

Une chose remarquable, c'est que depuis le Cap de Nord jusqu'à l'embouchûre de l'Orenoque, il ne se trouve d'Islots de terre ferme, ni de rochers apparents à la mer; que sur les côtes de la Guiane Française & à peu de distance de Cayenne; en venant du coté de l'Est, le premier de ces objets que l'on rencontre, c'est un gros rocher nommé le *Grand Connétable*, situé au *Nord* de l'embouchûre d'Approuague; il a de trois à quatre cents toises de longueur & environ cent pieds d'élévation au-dessus de l'eau; de loin il ressemble assez bien à un vaisseau qui seroit sur ses basses voiles. Les navires qui passent auprès, & qui ont de l'Artillerie, ne manquent guere de tirer un coup de canon, pour faire élever un grand nombre d'oiseaux, dont ce rocher est toujours couvert. C'est pour cela que les Hollandois lui on donné le nom de *canonier* qui s'écrit dans leur langue *Constapel* & qu'ils prononcent *Constaple*, d'où les Français on fait *Connétable*. On lui donne l'épithete de *Grand*, à cause d'un autre rocher peu distant vers le Sud Ouest, mais moins élevé, que l'on nomme le *Petit Connétable*.

Au *Nord-Est* de l'Isle de Cayenne il y a cinq petits Islots que l'on nomme en général les Isles de Remire, du nom d'une paroisse de cette Isle: on les distingue par les noms des *Deux filles*, de *La Mère*, du *Pére* & du *Malingre*, au *Nord Nord-Ouest*, & à environ deux lieues de Cayenne il y a un rocher médiocrement grand, & presque à fleur d'eau, nommé l'*Enfant Perdu*. Enfin au Nord & à trois lieues environ de l'embouchûre de la riviere de Kourou, sont situées trois petites Isles, que lon nommoit autrefois les *Isles au Diable* & auxquelles les Français ont donné en 1764, le nom des *Isles du Salut* qui, jusqu'à présent ne paroît pas être adopté par les Etrangers. Celle de ces Isles, qui est la plus au large, est fort basse, les deux autres sont assez élevées.

Toutes ces Isles & surtout le *Grand Connétable* rendent les côtes de la *Guiane Française* très aisées à reconnoitre. On n'est entré dans les details qu'on vient de voir que pour donner une idée générale de cette côte, & pour préparer à la lecture des *Instructions Nautiques* que l'on va transcrire. Ces instructions ont été faites par M. Monach pour servir aux navigateurs qui abordent les côtes de la Guiane, ou qui veulent se présenter devant le Port de Cayenne. Malgré les soins du Gouvernement, qui les avoit demandées & qui avoit obtenu qu'elles fussent imprimées en France, elles ne sont pas assez connues. On a cru, en les donnant ici, faire une chose agréable aux personnes à qui elles sont destinées & rendre en même temps un service réel à la Colonie, puisque cela peut engager les navigateurs à y venir avec plus de confiance & contribuer à diminuer les incertitudes auxquelles pourroient être exposés plusieurs marins ; surtout ceux qui aborderoient ces côtes avant de les avoir assez pratiqués pour les bien connoître.

# INSTRUCTIONS NAUTIQUES,

## Pour les Bâtiments qui veulent attérir sur les Côtes de la Guiane, pour venir à Cayenne.

*Par M. Monach, Capitaine de Port à Cayenne.*

Lorsqu'un Bâtiment veut aller à Cayenne, il doit se mettre de bonne heure par les trois dégrés de latitude nord ; c'est-à-dire lorsqu'il arrive par la longitude de quarante quatre dégrés du méridien de Paris. C'est dans ces parages que l'on commence à sentir les courants de la côte, dont la rapidité est plus ou moins considérable, suivant la saison & le vent.

C'est par conséquent au navigateur à diriger sa roûte de maniere à conserver cette latitude, jusqu'à ce qu'il arrive sur le fond. Une longue expérience a fait connoître que pendant les mois de Mai, Juin, Juillet, Août, Septembre & Octobre, il faut gouverner au *sud-ouest* pour se maintenir en latitude. Pendant les autres six mois, comme les courants sont moins forts, il suffit de gouverner à *Ouest sud Ouest*.

Cependant comme les courants sont sujets à varier dans leur vitesse, le navigateur doit se diriger en raison de leur force ; il s'en assure facilement par l'observation journaliere de la latitude.

Par cette latitude de trois degrés, les courants ont leur direction générale au *Nord*, jusqu'à ce qu'on arrive par la longitude de cinquante degrés : alors ils courent au *Nord-Nord-Ouest*, mais ils ne portent jamais plus *Ouest* ; & c'est une erreur de la plupart des marins qui fréquentent ces parages, de croire que les courants portent constamment au *Nord-Ouest* ; ils ne prennent cette direction que quand on est par quatre dégrés & demie ou cinq dégrés de latitude *Nord*.

Par la latitude de trois dégrés, on trouve le fond à trente lieues de terre ; il y a soixante ou soixante dix brasses d'eau ; ce fond est de sable gris & coquillage brisé ; on s'apperçoit aisément que l'on peut sonder par le changement de l'eau, qui devient verdâtre & qui blanchit à mesure qu'on approche de terre. Le fond change alors de nature ; il se charge plus ou moins de vase, de sorte que par les dix brasses d'eau, il est de vase seulement.

Quand on arrive sur le fond, par les trois dégrés de latitude, depuis le mois de Décembre jusqu'à la fin de Mars, il faut gouverner au *Nord Ouest*, pour aller reconnoitre la terre vers le Cap d'Orange, qui est par quatre dégrés vingt deux minutes de latitude, parce que dans cette saison les vents étant toujours de la partie du *Nord*, on a de la peine à se relever si l'on atterit plus *Sud*.

Pendant le reste de l'année, il faut gouverner à l'*Ouest*, pour aller reconnoitre la terre, vers le Cap Cachipour, qui est par trois dégrés cinquante minutes.

Quelque part où l'on prenne terre, depuis le Cap de Nord jusqu'au Cap Cachipour, on n'a pas d'autre reconnoissance que le Mont-mayé, petit morne qui est par deux dégrés quarante six minutes de latitude, & que l'on voit par dessus les paletuviers formant à la vue deux petits monticules qui se touchent. Le reste de la côte est bas & uni, bordé par des paletuviers, ou par des savanes, qui sont toutes noyées dans la saison des grandes pluyes.

Tout le long de cette côte le fond est de vase, & le mouillage très bon, quelque temps qu'il fasse; & comme le courant du flot jette à terre avec violence, il faut se tenir par sept ou huit brasses d'eau. L'établissement de la marée est au cap de nord à six heures trente minutes; il diminue à mesure qu'on avance vers le nord, de sorte qu'au cap Cachipour l'établissement est à cinq heures quarante minutes.

Le courant de jusant sur toute cette côte, porte au nord, & si l'on se trouvoit affalé à terre, il faudroit tenir à l'ancre pendant le flot, & remettre à la voile au commencement du jusant. Par cette pratique on se reléve facilement, quelque temps qu'il fasse, car si le vent est de la partie du *Nord*, on prend les amures sur Bas-bord, & on est promptement au large; si au contraire les vents sont à l'*Est*, ou vers le *sud*, on cingle au *Nord* & on éléve la côte qui gît *sud-sud-Est* & *Nord-Nord-Ouest*.

Le Cap Cachipour est reconnoissable; c'est une langue de terre basse, très longue, couverte de paletuviers fort gros; saillante dans le *Nord-nord-Est*; elle forme la pointe Sud de l'embouchure de la riviere Cachipour: on ne découvre cette riviere que quand le cap reste à l'*Ouest-sud-Ouest*; elle ouvre alors une large embouchure bien reconnoissable.

On ne peut guere approcher le Cap à plus de quatre lieues, le fond étant assez plat pour qu'à cette distance on n'ait que trois brasses & demie de basse mer.

Du cap Cachipour au cap d'Orange la côte court au *nord nord ouest*; la terre est toute plate & fort unie: par un temps bien clair, on voit dans le lointain quelques montagnes, mais qui ne peuvent servir à aucune reconnoissance.

Il convient de s'entretenir par cinq ou six brasses d'eau,

le fond est de vase molle partout ; le flot porte au *sud-ouest* & le jusant au *nord* directement. L'établissement continue de diminuer ; il est au cap d'Orange à cinq heures vingt minutes. La distance du cap Cachipour au cap d'Orange est d'environ dix lieues.

Le cap d'Orange est une terre basse couverte de paletuviers, qui avance dans le *nord*; il forme la pointe *Est* de la grande baie d'Oyapoc ; on ne peut guere l'approcher qu'à quatre lieues, à cause d'un banc de vase molle qui pousse fort au large. Il est cependant essentiel de l'approcher le plus possible ; & autant que le tirant d'eau du navire peut le permettre, afin d'en avoir une parfaite connoissance.

Lorsque le cap d'Orange reste à l'*Ouest*, on découvre la montagne d'Argent, située sur la rive gauche de la baie d'Oyapoc. Cette montagne est isolée ; & entourée de terres basses & noyées, de sorte que si l'on est un peu au large, on la prend facilement pour une Isle. Dès qu'on découvre cette montagne, le fond augmente rapidement ; il faut arriver à *Ouest-nord-ouest* en flot, & à *Ouest* en jusant, pour rallier la terre, jusqu'à ce qu'on soit par huit brasses d'eau.

En avançant dans le *nord-ouest* on découvre successivement la montagne Lucas, sur le bord de la riviere d'Oyapoc, & les montagnes d'Ouanari situées sur le bord d'une petite riviere de même nom, qui se jette dans la baie d'Oyapoc : alors la reconnoissance est complette.

Lorsqu'on a rallié suffisamment, & qu'on est par huit brasses d'eau, il faut gouverner à *Ouest-nord-ouest* pour s'entretenir par ce même fond jusqu'à ce qu'on découvre le grand Connétable.

Quand la montagne d'Argent reste au *sud sud-est*, on peut voir le grand Connétable du haut des mâts. C'est un Rocher fort élevé, à cinq grandes lieues de la terre ; & sur lequel le courant porte avec plus ou moins de violence, suivant la saison.

Comme il est arrivé plusieurs accidents autour de ce rocher, on croit devoir entrer ici dans quelques détails pour prouver que ces accidents ont été occasionnés par la négligence ou par l'impéritie des navigateurs qui les ont essuyés.

Ce rocher, comme on vient de dire, est à cinq fortes lieues du continent; il est sain tout autour, au point qu'à la distance de vingt-cinq brasses de ses bords, on ne trouve pas moins de huit brasses d'eau; le fond dans tous les environs est de vase; conséquemment le mouillage est très sûr.

Dans l'*ouest-sud-ouest* & à la distance d'un tiers de lieue, est un autre petit rocher, nommé le petit Connétable; le fond entre ces deux rochers n'est pas moindre de sept brasses; il est également de vase.

Ce petit rocher qui est très bas n'est pas tout à fait aussi sain que le grand; il longe dans le Nord une battûre de roches, longue de cent dix toises, mais il reste encore entre eux un beau passage, bien libre & bien sain

Au large du grand Connétable, dans le *nord quinze dégrés-ouest* & à la distance de quatre mille neuf cent toises est une battûre de roches. Cette battûre a cent cinquante toises de circuit, & il ne reste sur les roches les plus élevées, que dix pieds d'eau de basse mer; elle brise continuellement dessus, mais du pied du grand Connétable à la battûre, le fond est de vase fort net & il n'y a pas moins de huit brasses. Plus on s'éloigne du grand Connétable, plus le fond augmente, de sorte qu'à moitié chemin du rocher à l'écueil il y a quinze brasses d'eau, fond de vase: c'est encore un beau passage de quatre mille neuf cents toises.

Maintenant il est bon d'observer que le Connétable est fréquenté par les Français venant a Cayenne, & par les Hollandois allant à Surinam, ou dans leurs autres Colonies du continent. Ces derniers viennent même faire leur reconnoissance à ce rocher, qui est par la latitude de quatre dégrés cinquante minutes.

Les Français passent dans le *sud* de ce rocher, entre le grand & le petit Connétable; & comme on leur recommande toujours de ranger le grand, ils veulent, en le rangeant de fort près, se procurer le plaisir de tuer des oiseaux soit à coups de canons ou à coups de fusils, de sorte que quand il vente peu, l'abri du rocher les met en calme; & le remout du courant les attire au pied du rocher où ils se brisent dans un moment. C'est ainsi qu'en 1786, a péri le navire nommé *La Ville de Toulouse*.

Mais lorsqu'un bâtiment passe à deux ou trois cents toises, dans le sud du rocher, il n'y a rien à craindre; s'il vente il passe sûrement, & si le vent calme, il peut mouiller en sureté, & attendre le vent. Les Hollandois passent généralement au *nord*, entre le rocher & la batture; & en laissant le rocher à gauche, à un quart de lieue, ils sont également en sureté,

Il reste un troisieme passage qui paroît convenir particulierement aux bâtiments destinés pour Cayenne; c'est celui qui est entre le petit connétable & la terre. Ce rocher comme on vient de le dire, est à un tiers de lieue dans l'*Ouest-sud-Ouest* du grand Connétable; il est parconséquent à plus de quatre lieues de terre; or le passage dans le *sud* du petit rocher est très sain & très spacieux. En le laissant sur sa droite, à un petit quart de lieue on a sept brasses d'eau, fond de vase, & le fond diminue si lentement, qu'à plus d'une lieue en terre du petit rocher, il y a encore cinq brasses d'eau; ce passage mérite donc d'être préféré par les navigateurs qui viennent à Cayenne, puisqu'il est le plus large, le plus sûr & celui où il y a le moins de courant, surtout quand il vente peu; car lorsqu'il vente bonne brise, les trois passages sont très beaux.

Lorsqu'on a doublé les Connétables, il faut gouverner au *nord ouest Q. ouest*, si on a passé entre les deux, & au *nord ouest Q. nord*, si on passe à terre du petit pour gagner les Isles de Remire, qui en sont à sept lieues; elles sont au nombre de cinq. les premieres que l'on rencontre sont la mère & les deux filles; ces dernieres sont deux petits Islots situés dans le *nord est* de la mère.

On passe à demie lieue dans le *nord* de ce petit groupe, par quatre brasses d'eau, toujours fond de vase. La route de là au pére, est le *nord ouest* une petite lieue; on en passe aussi à une demie lieue.

Du pére au Malingre, qui la derniere de ces Isles, la route est aussi de *nord ouest*, une lieue après avoir passé le Malingre; & lorsqu'il reste au *sud* on découvre le fort de Cayenne, & on gouverne à l'*ouest nord ouest* sur l'*Enfant perdu*, que l'on ne tarde pas à découvrir; c'est un petit rocher, tout plat; quand on en a connoissance, il faut gouverner dessus, jusqu'à ce que le fort de Cayenne reste au *sud sud ouest*; on moüille là, pour attendre le Pilote.

Cayenne est au *sud sud ouest.*

L'enfant perdu à *ouest 5 degrés sud.*

Le malingre au *sud est* Q. *sud.*

On a dans ce moüillage seize pieds d'eau de basse mer, fond de vase & de bonne tenue: l'établissement de la marée y est de quatre heures douze minutes.

Depuis le mois de Mai jusqu'au mois de Novembre, comme les vents sont de la partie de l'*est*, & quelquefois du *sud*, un pilote est expédié assez promptement & il convient de l'attendre.

Mais depuis le mois de Novembre, jusqu'au mois de Mai, comme les vents sont de la partie du *nord*, il est quelquefois difficile, en partant du Port, de gagner le moüillage dans un jusant: c'est pourquoi un bâtiment tirant jusqu'à onze pieds d'eau, peut se présenter à toutes marées, à deux tiers de flot; gouverner au *sud sud ouest*, & venir ainsi jusqu'à demie lieue du Fort, pour recevoir le Pilote, qui de tout temps peut venir jusqu'à cette distance; & qui ne manque jamais de le faire, lorsqu'il voit un bâtiment se présenter dans le chenal.

Si par quelque cause que ce soit le Capitaine de Port ne pouvoit pas envoyer tout de suite un pilote, le bâtiment peut moüiller avec confiance, Cayenne au *sud* Q. *sud est* à demie lieue, & le malingre à l'*est*. Ce moüillage est sûr, bon & la mer belle. Mais il ne conviendroit jamais à un bâtiment tirant plus de onze pieds d'eau, de hazarder l'entrée sans Pilote, à moins d'une nécessité urgente, & encore dans les grandes marées; non pas qu'il y ait aucun écueil, ni danger, mais parce que si l'on touchoit, quoique sur la vase, on pourroit courir le risque de dériver, & de tomber sous le vent du chenal, que l'on ne regagneroit ensuite qu'avec beaucoup de peine & de travail.

## Liste des Gouverneurs ou Commandants de la Colonie de Cayenne depuis l'Année 1676.

| *Dates de leurs réceptions.* | | *Messieurs.* |
|---|---|---|
| 1676 | | de Léry *commandant.* |
| 1679 | | de Férolles *idem* |
| | | de Ste. Marthe *Gouverneur.* |
| 1688 | | le Fevre de la Barre *idem* |
| 1691 | | de Férolles *Gouvern. Lieut. Gen.* |
| 1706 | 13 Sept. | Remi Guillouet d'Orvilliers *Gouv.* |
| 1716 | | Claude Guillouet d'Orvilliers *idem* |
| 1730 | 2 Octob. | de l'Amita de *idem* |
| 1738 | 9 Juillet | de Chateaugué *idem* |
| 1749 | 27 Novemb. | Gilbert Guillouet d'Orvilliers *idem* |
| 1763 | 22 Décemb. | de Béhague *commandant Gén. pour l'absence du Gouverneur* |
| 1764 | 22 Décemb. | le Chev. Turgot *Gouv. Lieut. Gén* |
| 1766 | 28 Janv. | de Fiedmond *Gouverneur* |
| 1781 | 15 Décemb. | le Baron de Besner *idem* |
| 1785 | 16 Août | de Fitz-Maurice *commandant en chef par intérim* |
| 1787 | 15 Mai | le Comte de Villebois *Gouverneur* |
| 1789 | 19 Juin | de Bourgon *idem* |

## Liste des Intendants ou Ordonnàteurs de la Colonie depuis l'Année 1706.

| *Dates de leurs réceptions.* | | *Messieurs.* |
|---|---|---|
| 1706 | 13 Sept. | d'Albon |
| 1748 | 26 Fevrier | le Moyne |
| 1762 | 2 Août | Morisse |
| 1763 | 22 Decemb. | de Chanvallon *Intendant* |
| 1765 | 23 Sept. | Prévot de la Croix *par intérim* |
| 1766 | 28 Janv. | Maillard du Mesle |
| 1772 | 2 Mars | Charvet |
| 1774 | 8 Janv. | de la Croix |
| 1776 | 25 Nov. | Malouet |
| 1778 | 17 Août | de Préville *par intérim* |
| 1785 | 22 Août | Lescallier |

## *GOUVERNEMENT.*

† M. Jacques Martin de Bourgon, Colonel d'Infanterie, Gouverneur.

M. Ordonnateur

M. Vincent Boué *Ecrivain principal, chargé du service de l'Administration pendant l'intérim*

† M. Charles Guillaume Vial d'Alais, Major Commandant du Bataillon de la Guiane, Commandant en second de la Colonie; *en France*

† M. Benoit, Commandant particulier de l'Isle & Ville de Cayenne, *par intérim*

† M. De Carrérot, Aide-Major de la Place (*nommé provisoirement*)

# BATAILLON DE LA GUIANE.

Créé par Ordonnance du Roi en date du 16 Janvier 1785, & formé dans la Colonie, le premier Septembre de la même année.

## ETAT MAJOR.

† M. le Chevalier d'Alais. *Major commandant, en france*
M. Geslin, *Quartier-Maître-Trésorier*
Le Sr La Borde, *Adjudant*

## CAPITAINES.

| Commandants. | En Second. |
|---|---|
| MM. | MM. |
| † D'Escoubland de la Rougerie | Le Poupet de la Boulardderie |
| † De Carrérot | Le Ch. de Coux |
| Kiriel de mérey, *en France* | † De Bony, *en Fr.* |
| † Desgoutins de Brécourt | DuPont Duvivier |

## LIEUTENANTS.

| En Premier | En Second |
|---|---|
| MM. | MM. |
| Jacquard | De Lagé |
| Helminger | Goire de la Planche |
| Dutraque | DuPont de mézillac |
| Le Chev. de Vareille | De Morsy |

## SOUS-LIEUTENANTS.

MM.

Du Crocq de la Fosse *en France*
D'Allard de Lisle
Badier
Du Faï

MM.

Du Mourier
Angrand de Fond-Pertuis
Simon de Grand-Champ

## ARTILLERIE.

† M. Benoît, *commandant l'Artillerie de la Guiane avec le rang de Major*

## GÉNIE.

### *Guerre & Fortifications*

† M. Guerin de Foncin, *capitaine au corps Royal du Génie*

### *Agriculture & travaux Hidrauliques y relatifs*

M. Guisan, *capitaine d'Infanterie, Ingénieur Agraire de la colonie*

## GÉOGRAPHIE.

M. Mentelle, *capitaine d'Infanterie, Ingénieur géographe du Roi, garde du Dépôt des cartes & Plans de la colonie*

M Terray, *Dessinateur du Dépôt*

## *Administration & Bureaux de la Marine.*

M *Ordonnateur*
M *commissaire des colonies*
M Boué, *Ecrivain principal, chargé du service de l'Administration pendant l'intérim*

### *Ecrivain principal*

M Desplayes, *faisant fonctions de contrôleur des colonies*

### *Ecrivain ordinaire*

M de Tilly, *chargé du détail de l'Hôpital & des Atteliers*

### *Bureau des Fonds.*

M Chevreuil, *commis en chef par intérim*

### *Bureau des Classes*

M Berville, *commis* (*chargé du détail des classes*)

---

### *Gardes Magasin.*

M Richard, Garde *Magasin principal*
M Garadier, *sous-garde Magasin*

### *Dans les Postes.*

MM

Colin, *à Kourou*
Labbé, *à Approuague*
Lassagette, *à Sinnamari*
Prémarest, *à Yracoubo*
Bélicot, *à Oyapoc*

## *Trésorier.*

M. de Geneſt *Tréſorier de la Marine*

## *caiſſe des Invalides*

M. Boué, *Écrivain principal*

## *caiſſe des Affranchiſſemenns.*

M. Lanne.

---

## *Domaine.*

M. Rouger de la Gotellerie, *Directeur général*

## *Dans les Poſtes.*

| | | |
|---|---|---|
| MM. | Colin, | *à Kourou* |
| | Labbé, | *à Approuague* |
| | Prémarèſt, | *à yracoübo* |
| | Sahut, | *à Oyapoc* |
| | Laſſagette, | *à Sinnamari* |

---

## *Arpenteurs*

MM. Tugny.
Duclos, *Quartier de Sinnumari*
Prévoſt.

## *Officier de Port,*

M. Monach, Capitaine de Port.

---

## *Officiers de Santé.*

| | | |
|---|---|---|
| MM. | Robert, | *Médecin du Roi* |
| | Noyer, | *Chirurgien Major* |

| | |
|---|---|
| Remi, | *Chirurgien ordinaire faisant fonctions d'Aide Major* |
| Senelle, | *Chirurgien ordinaire* |
| Rahou, | *idem* |
| Bonnefoi, | *Aide chirurgien* |
| Darjou, | *Apothicaire du Roi* |

### *Dans les Postes*

| | |
|---|---|
| MM. Gauron, | *Chirurgien ordinaire à Kourou* |
| Cabrol, | *Aide chirurgien à Sinnamari* |
| Rougier, | *idem à Yracoubo* |
| Messenet, | *idem à Approuague* |

---

## *Tribunal Terrier.*

M. Le Gouverneur.
M. l'Ordonnateur.
M. Le Procureur du Roi.

M. Ninet, *greffier.*

*Les Parties comparoissent en personnes à ce Tribunal; n'y ayant ni Avocats ni Procureurs en fonctions dans cette colonie.*

## *Grand Voyer.*

M. Bourda.

---

## *Conseil Supérieur.*

L'Edit de création du Conseil Supérieur est du mois de Juin 1701; mais cette Cours Souveraine, n'a été formée dans la Colonie, qu'à la fin de 1703. Sa premiere séance, pour l'Administration de la Justice, s'est tenue le Lundi 3 Décembre de la même année. M. l'Ordonnateur préside ordinairement le Conseil, en vertu d'un Brevet particulier qui lui donne le rang de premier Conseiller.

M. Le Gouverneur.
M. l'Ordonnateur.
M. Le Commandant en second.
M. Le premier Commissaire.

## Conseillers Titulaires.

### *Messieurs.*

| | | |
|---|---|---|
| 2 Janvier | 1761 | Groussou, *Doyen.* |
| 4 Mai | 1773 | Molère. |
| 8 Nov. | 1785 | Gallet. |

## Conseillers Assesseurs.

### *Messieurs.*

| | | |
|---|---|---|
| 9 Novembre | 1785 | Tournachon de Sceincé. |
| 4 Mai | 1789 | De Macaye. |

## *Gens du Roi.*

MM. Gallet, *conseiller faisant fonctions de Procureur général.*
*Substitut.*
Paguenaut, *greffier.*
Paguenaut fils, *commis greffier.*
Le Sr. Privé, *Huissier audiencier.*

Les séances du Conseil Supérieur commenceront cette

année 1790 ; le 4 Janvier, 8 Mars, 3 Mai, 5 Juillet, 16 Août & 8 Novembre.

*Il n'y a point d'Avocats au Conseil Supérieur de cayenne : les parties sont obligées d'y comparoître en personnes.*

*Receveur de la Caisse des Négres justiciés.*

M. Lanne.

---

## Jurisdiction Royale.

*Messieurs.*

Pascaud, *Juge Royal civil, criminel & de Police*
*Procureur du Roi.*
Grimard, *Substitut, faisant fonctions de Procureur du Roi.*
Læffler, *greffier.*
*commis greffier.*
Guisoulph, *commis garde-Scel.*

### *Siége de l'Amirauté.*

*Messieurs.*

Pacaud, *Lieunant genéral.*
*Procureur du Roi.*
Grimard, *Substitut faisant fonctions de Procureur du Roi.*
Lartigue, *greffier.*
Gineys, *greffier commis.*

### *Chirurgien Major de l'Amirauté.*

M. Noyer.

### *Receveur de la caisse des Amandes & consignations.*

M. Paguenaut.

## *Interpréte de la Langue Angloise.*

M. Lustre.

## *Jaugeur des Vaisseaux.*

M. Domenger.

## *Etalonneur.*

M. Mathelin.

---

## *Notaires Royaux.*

M. Paguenaut.
M. Gineys.
M. Rondeau.

---

## *Curateur aux Successions Vacantes*

M. Lanne.

## *Visiteurs jurés du Rocou.*

M. Sigoigne.
M. Gouagou du Grenouiller.
M. Thoulouze.

---

## *Police.*

*Les Sieurs.*

| | |
|---|---|
| Viriot, | *Exempt.* |
| Raymondon Pere, | *Huissier.* |
| Raymondon Fils, | *idem.* |

## *Geolier, concierge des Prisons*

Le Sr. Nicollaut.

# CLERGÉ.

Pendant bien des années, les Missions de cette Colonie, ont été desservies par les RR. PP. Jésuites. Après la destruction de leur ordre en France, ils ont été remplacés par différents Ecclésiastiques, tant Séculiers que Réguliers. En 1775, le Roi chargea le Séminaire du St. Esprit, établi à Paris, de desservir les Cures & les Missions de la Güiane Française, ce qui a été confirmé par Édit du 2 Juillet 1777. Le même Séminaire est aussi chargé du service du Collège de Cayenne.

Le Clergé est composé d'un Préfêt apostolique, d'un Vice-Préfêt, & de vingt deux autres Ecclésiastique. Tous ont le titre de Missionnaires Apostoliques.

Le Supérieur de la Mission, comme Prefêt apostolique, relève immédiatement du Saint Siége, & exerce ses pouvoirs en vertu des lettres d'attache de sa Majesté, enregistrées au Conseil Supérieur.

## *Noms de Messieurs les Missionnaires*

### *Messieurs les Abbés.*

| | |
|---|---|
| Jacquemin, | *Préfêt Apostolique.* |
| La Noë, | *Vice-Préfêt & curé de cay.* |
| Farjon, | *curé des Négres.* |
| Rebours, | *Principal du collège Aumônier de la Troupe.* |
| Duhamel, | *Professeur au collège.* |
| Moranvillers, | *Vicaire à Cayenne.* |
| Mercier, | *Chapelain, aumônier de l'Hôp.* |
| Le Grand, | *Curé à Remire.* |
| Reissé, | *à Roura.* |
| Fulconis, | *à Macouria.* |
| Ducoudrai, | *à Kourou.* |
| Hochard, | *à Sinnamari.* |
| Hérrard, | *à Yracoubo.* |

*Messieurs les Abbés.*

| | | |
|---|---|---|
| Brébion, | } | *à Approuague.* |
| Desombres, | | |
| Boëssi, | | *au Poste d'Oyapoc.* |
| Breton, | | *à la Missi. de St. Paul dans Oyap.* |
| Poucelet, | } | *à la Mission de Macari.* |
| Bellanger, | | |

## *HOPITAL.*

L'hôpital de Cayenne est sur le pied d'hôpital Militaire. Il a été originairement fondé par les Habitants; mais depuis bien des années les revnus ne suffisant pas à ses dépenses, le Roi s'est chargé d'en faire tous les frais, & a pris possession des biens qui formoient la premiere fondation.

Cet Hôpital est sous la direction des Filles de la charité, dites *Sœurs Grises*, de la maison de Ste. Maurice de Chartres.

### *Supérieure.*

La Sœur Peigné.

## ETABLISSEMENTS CIVILS.

### *Collège.*

Le Collège de Cayenne n'est établi que depuis la fin de l'année 1776, quoique la fondation qui devoit en faire les premiers fonds, soit de 1749; différents obstacles s'étant opposés longtemps à cet établissement. On a déja vû que c'est le Séminaire du saint-Esprit qui est chargé du service de ce College.

### *Professeur.*

M. l'Abbé Rebours, *Principal du collège.*
M. l'Abbé Duhamel, *Pour les langues Latine & Franç.*

## *Maison de Santé.*

La Colonie doit à la bienfaisance de M. de Fiedmond, Maréchal des Camps & Armées du Roi, ancien Gouverneur de la Guiane Françaife, l'Etabliffement qu'il a nommé lui méme *Maison de Santé.* Son objet eft de foulager les Malades, les Convalefcents, les Infirmes & les Vieillards, & de contribuer à faire donner de l'éducation à des Orphelins, nés de familles honnêtes & maltraités de la fortune.

Les Lettres Patentes qui confirment cet établiffement, ainfi que le Bureau chargé de fon Administration, font du 8 Février 1784; enregiftrées au Confeil Supérieur de Cayenne le 11 Mai 1786. Ce bureau eft préfidé par M. le Préfét Apoftolique, ou en fon abfence par M. le Vice-Préfét. Il doit être compofé de dix autres perfonnes choifies originairement par le fondateur; par les mêmes Lettres Patentes, ce bureau eft autorifé *à remplir, à la pluralité des voix, ceux de fes membres qui viennent à manquer d'une maniere quelconque.*

MM. Les Adminiftrateurs de la Colonie, lorfqu'ils le jugeat à propos, peuvent fe faire rendre compte de la fituation des biens de cet établiffement & le faire infpecter par telle perfonne qu'ils commettent à cet effet.

## *MILICES DE LA GUIANE FRANÇAISE.*

L'Ordonnance qui régle la forme & le fervice des Milices de cette Colonie, les graces Militaires que fa Majefté leur accorde &c. eft du premier Septembre 1768. Une autre Ordonnance en date du premier Janvier 1787, a fait plufieurs changements à ce qui avoit été réglé par la premiere.

## *Compagnie de Dragons,*

| | |
|---|---|
| M. Le Général, | *Capitaine.* |
| M. Le Baron Desvieux, | *Capitaine Lieutenant.* |

M. Dallemand, *Capitaine Aide-Major.*
M. Marchand Du Péré, *Lieutenant en France.*

L'uniforme de cette Compagnie est habit rouge, doublure blanche, parements & revers blancs, poches en longs boutons blans unis.

---

## Paroisse de Cayenne.

### *Etat Major.*

M. Mettérau, *Capitaine commandant la Paroisse & Quartier de Cay.*
M. Le Marquis de St. Aignan, *Capitaine Aide-Major de la Paroisse & Quartier de Cay*

### *Compagnie d'Artillerie.*

M. Le Commandant en Second, *Capitaine.*
M. Mettérau, *Capitaine Lieutenant.*
M. Thoulouse, *Lieutenant.*

### *Compagnie de Fusiliers.*

M. Domenger, *Capitaine.*
M. Ménard fils, *Lieutenant.*

### Compagnie de Fusiliers.
### *Gens de couleur Libres.*

† M. Brisson, *Capitaine.*
M. Mathelin, *Lieutenant.*

---

## Paroisse de Remire.

### *Une Compagnie de Fusiliers.*

M. Nadau, *Capitaine commandant la paroisse.*
M. Besse, *Capitaine Aide-Major.*
M. Langlais, *Lieutenant.*

## Paroisse de Roura
### *Une compagnie de Fusiliers.*

M. De Coux, *Commandant la paroisse.*
M. Le Roux, *Capitaine commandant la compagnie des Milices.*
M. Philippon, *Capitaine Aide-Major.*
M. Chevreüil, *Lieutenant.*
M. Favart, *Lieutenant chargé des gens de coul.*

## Paroisse de Macouria.
### *Une compagnie de Fusiliers.*

M. Ménard Pere, *Capitaine commandant la paroisse.*
M. *capitaine Aide-Major.*
M. J. B. Grimard, *Lieutenant*

## Paroisse de Kourou.
### *Une compagnie de Fusiliers*

† M. Marcenay de Guy *capitaine commandant le paroisse*
M. *Aide-Major.*
M. Terrasson, *Lieutenant.*

## Paroisse de Sinnamari.
### *Une compagnie de Fusiliers*

† M. Marcenay de Guy, *commandant la paroisse*
M. *capitaine Aide-Major.*
M. Lassajette, *Lieutenant.*
M. Mercier, *idem.*

## Paroisse d'Approuague.

### *Une compagnie de Fusiliers.*

M. Couturier de Ste. Claire. *capitaine comm. la par.*
M. de la Bréjenniere, *capitaine Aide-Major.*
M. Néron de Morangé, *Lieutenant.*

## Yracoubo.

### *Une compagnie de Fusiliers.*

Cette Compagnie formée en 1789, n'a point encore d'Officiers, mais seulement un Sergent Commandant, (le sieur Jacquet,) qui est chargé de cette Compagnie sous l'autorité de l'Officier du Bataillon Commandant le Poste.

## Oyapoc.

### *Une compagnie de Fusiliers.*

Cette Compagnie formée aussi en 1789, est commandée par le Sergent, sous l'autorité de l'Officier du Bataillon commandant le Détachement résident à Approuague & commandant aussi la Paroisse d'Oyapoc.

Par l'Ordonnance du premier Janvier 1787, dont on a parlé plus haut, l'uniforme des Milices de la Guiane Françaife est habit blanc, revers & parements de drap violet, boutons blancs unis.

Celui de la Compagnie des gens de couleur libres est habit de Nankin, revers & parements rouges, boutons blans unis.

# Observations Météorologiques.

La Table suivante présente les principaux résultats des observations météorologiques, faites à Cayenne au dépôt des Cartes & Plans de la Colonie, depuis le premier Décembre 1788 jusqu'au dernier Novembre 1789.

Ces observations ont quatre objets, qui ont fait diviser cette Table en quatre principales parties. Ces objets sont le hauteur du Thermomètre, l'élévation du Baromètre, le nombre des jours pendant lesquels il a tombé de la pluye, enfin la quantité de pluye tombée à Cayenne; c'est a dire, sa mesure en pouces, lignes & dixiemes de ligne, que cette eau de pluye auroit de hauteur si elle étoit restée sur la terre après y être tombée.

Dans une premiere Colomne on voit les noms des mois; chacun de ces noms est compris dans un espace terminé par des lignes qui sont prolongée dans toute la largeur de la Table; en sorte que tous les nombres qui sont entre ces lignes se rapportent au mois dont le nom est écrit dans le même espace.

Immédiatement après les noms des mois, est placée la premiere division, qui indique pour le Thermomètre, sa *plus grande* & sa *moins grande hauteur*, avec les jours du mois où elles ont été observées.

Dans la seconde division qui est relative au Baromètre, on trouve aussi sa *plus grande* & sa *moins grande Elévation* avec les jours du mois où l'on a fait ces observations.

La troisieme division, fait connoître le nombre des jours de pluye; & l'on a distingué en trois colomnes ceux où les pluyes ont été *petites*, *moyennes*, ou *fortes*.

Dans la quatrieme division, on voit la quantité d'eau de pluye tombée pendant chaque mois & pendant le jour de chaque mois où il en est tombé le plus. Le quantieme du jour de la plus grande pluye, se trouve dans la colomne suivante, qui est la derniere de la Table.

Il est nécessaire d'observer que le Thermomètre, & le Baromètre qui servent à ces observations, sont placés dans une des pieces du Dépôt des Cartes, exposés à un faible courant d'air; qu'ainsi c'est la temperature qui regne dans cette piece qu'ils ont indiqué; & non pas celle de l'air extérieur, où le Thermomètre auroit monté de plusieurs dégrés plus haut qu'il ne l'a fait, dans un endroit presque fermé.

Quand au nombre des jours de pluye *petites*, *moyennes* & *fortes* donné dans la troisieme division, il est bon d'observer,

1re. Que l'on n'a pas compté au nombre des jours pluvieux, ceux où il n'est pas tombé une demie-ligne d'eau,

2me. Que l'on regarde comme jours de *petites pluyes*, ceux où il est tombé depuis cinq dixiemes jusqu'à cinq lignes exclusivement.

3me. Que les jours où il est tombé de cinq lignes d'eau jusqu'à dix, exclusivement, sont réputés jours de *moyennes pluyes*.

4me. Qu'enfin on nomme jours de *fortes pluYes*, ceux où il est tombé dix lignes d'eau & d'avantage

On voit par les aditions faites au bas de cette Table, qu'en douze mois il y a eu 172 jours de pluye & que la quantité d'eau tombé dans le même intervalle de temps, est de 97 pouces 9 lignes & demie. Quelque considérable que cela paroisse, personne ne peut douter que les pluyes ne soient beaucoup plus fortes & plus fréquentes dans l'intérieur du pays surtout dans les contrées élevées & couvertes de bois.

La déclinaison de l'aiguille aimantée, est marquée au bas de cette Table; elle paroit être toujours à Cayenne dans la partie du *Nord-Est*; mais elle est assujettie à une variation qui la fait augmenter & diminuer alternativement.

A la fin de l'année 1733, M. Freneau, Ingénieur de la Place à Cayenne, a observé cette déclinaison de 1 dégré 40 minutes. M. de la Condamine, l'a truvé de 4 dégés 30 minutes en 1744; & dix huit ans après, en 1762, M.

Deſſingy, Ingénieur géographe du Roi, l'a encore trouvée de la même quantité. On ne doit pas en conclure qu'elle n'a pas changée dans cet eſpace de temps, au contraire, on eſt bien autoriſé à croire qu'elle a diminuée, puis augmentée enſuite.

Au mois de Décembre 1787, on l'a obſervée de 2 d. 12 m.
En Décembre 1788, de 2 5
En Décembre 1789, encore de 2 5

Il paroit donc que la déclinaiſon abſolue de l'aiguille aimantée n'a pas changée, du moins ſenſiblement, dans le courts de l'année 1789; peut-être doit elle reſter a peu de choſe près le même pendant quelque temps comme cela a été obſervé à Paris, dans les années 1779, 1780 & 1781.

# EXTRAIT DES OBSERVATIONS MÉTÉOROLOGIQUES.

*Faites à Cayenne, au Dépôt des Cartes & Plans de la Colonie, du premier Décembre 1788 au trente Novembre 1789.*

| | Jours du Mois | Hauteur du Thermomètre — Plus grandes Deg. Dix. | Hauteur du Thermomètre — Moins grande Deg. Dix. | Jours du mois | Élévation du Baromètre — Plus grandes Po. Lig. Dix. | Élévation du Baromètre — Moins grandes Po. Lig. Dix. | Nombre des jours de Pluyes — Petites | Nombre des jours de Pluyes — Moyennes | Nombre des jours de Pluyes — Fortes | Quantité d'eau de pluye tombée pendant un mois Po. Lig. Dix. | Quantité d'eau de pluye tombée pendant un jour Po. Lig. Dix. | Jours de la plus grande Pluye |
|---|---|---|---|---|---|---|---|---|---|---|---|---|
| écembre | 6 / 20 | 20, 3 | 18, 3 | 13 / 18 | 28 1, 1 | 28 0, 0 | 9 | 3 | 2 | 3 10, 7 | 0 9, 8 | 19 |
| anvier | 1 / 27 | 19, 9 | 17, 5 | 22 / 25 | 28 0, 9 | 28 0, 1 | 11 | 9 | 6 | 11 8, 0 | 1 9, 2 | 28 |
| rier | 21 / 28 | 19, 9 | 17, 7 | 5 / 18 | 28 1, 4 | 28 0, 6 | 12 | 4 | 2 | 8 7, 3 | 3 9, 4 | 28 |
| ars | 1 / 15 | 20, 5 | 17, 3 | 15 / 26 | 28 1, 3 | 28 0, 4 | 3 | 4 | 3 | 5 7, 0 | 1 4, 9 | 1 |
| vril | 6 / 17 | 20, 3 | 18, 3 | 3 / 11 | 28 0, 9 | 28 0, 5 | 10 | 3 | 4 | 8 4, 8 | 2 5, 7 | 15 |
| ai | 3 / 12 | 20, 2 | 17, 7 | 4 / 25 | 28 1, 2 | 28 0, 6 | 9 | 7 | 10 | 25 10, 3 | 3 0, 4 | 11 |
| uin | 16 / 17 | 20, 3 | 17, 0 | 13 / 26 | 28 1, 5 | 28 0, 6 | 13 | 1 | 7 | 14 9, 7 | 2 5, 8 | 13 |
| llet | 19 / 25 | 20, 0 | 17, 0 | 12 / 17 | 28 1, 4 | 28 0, 7 | 10 | 5 | 4 | 9 11, 2 | 1 9, 6 | 18 |
| oût | 21 / 31 | 20, 6 | 18, 3 | 22 / 30 | 28 1, 4 | 28 0, 6 | 7 | 0 | 1 | 4 5, 5 | 3 3, 3 | 12 |
| embre | 3 / 6 | 21, 2 | 19, 3 | 2 / 8 | 28 1, 6 | 28 0, 7 | 0 | 1 | 1 | 2 0, 4 | 1 5, 8 | 8 |
| obre | 8 / 10 | 21, 4 | 19, 0 | 9 / 26 | 28 1, 3 | 28 0, 6 | 4 | 0 | 0 | 0 4, 6 | 0 2, 1 | 22 |
| embre | 1 / 13 | 21, 1 | 18, 9 | 7 / 18 | 28 1, 0 | 28 0, 1 | 5 | 1 | 1 | 2 2, 2 | 0 10, 8 | 30 |
| | | | | | | | 93 | 38 | 41 | | | |

Nombre des jours de pluye, du premier Décembre 1788, au 30 Novembre 1789, . . . . . . . . . . 172     Po. Lig. Dix.

Quantité d'eau de pluye tombée, du premier Décembre 1788, au trente Novembre 1789, . . . . . . . . . . . . . . . . . . . 97 9 5

Le 2 Décembre 1789, l'Aiguille aimantée déclinoit à Cayenne, de 2 dégrés 5 minutes vers le Nord-Est.

www.ingramcontent.com/pod-product-compliance
Lightning Source LLC
LaVergne TN
LVHW012009160826
845678LV00002B/741